BEI GRIN MACHT SICH IHR WISSEN BEZAHLT

- Wir veröffentlichen Ihre Hausarbeit,
  Bachelor- und Masterarbeit

- Ihr eigenes eBook und Buch -
  weltweit in allen wichtigen Shops

- Verdienen Sie an jedem Verkauf

Jetzt bei www.GRIN.com hochladen
und kostenlos publizieren

Josef Huber

Vergleichende Wasserhärtebestimmung durch komplexometrische Titration. Grundlagen, Definitionen und Methoden

GRIN Verlag

Bibliografische Information der Deutschen Nationalbibliothek:

Die Deutsche Bibliothek verzeichnet diese Publikation in der Deutschen National-
bibliografie; detaillierte bibliografische Daten sind im Internet über http://dnb.d-
nb.de/ abrufbar.

Impressum:

Copyright © 2014 GRIN Verlag GmbH
Druck und Bindung: Books on Demand GmbH, Norderstedt Germany
ISBN: 978-3-656-97930-2

Dieses Buch bei GRIN:

http://www.grin.com/de/e-book/300569/vergleichende-wasserhaertebestimmung-
durch-komplexometrische-titration

Inhaltsverzeichnis

1. Einleitung 3

2. Grundlagen 3

   2.1 Wasserhärte 3

      2.1.1 Definition und Entstehung 3

      2.1.2 Folgen der Wasserhärte 4

      2.1.3 Bedeutung für den Menschen 5

   2.2 Komplexometrische Titration 6

   2.3 Berechnung der Wasserhärte 7

3. Material und Methode 8

   3.1 Versuchsaufbau und Reagenzien 8

   3.2 Versuchsdurchführung 8

4. Diskussion 10

   4.1 Plausibilisieren der Ergebnisse 10

   4.2 Erklärung der Ergebnisse anhand von geologischen Karten 10

   4.3 Erstellung einer Wasserhärtekarte 13

5. Schluss 14

6. Anhang 15

7. Literaturverzeichnis 18

1. Einleitung

Wasser ist eines der wichtigsten, um nicht zu sagen, das wichtigste Lebensmittel von uns Menschen und aller Lebewesen. Ohne Wasser kann kein Mensch überleben. Aus diesem Grund hat man sich bereits früh mit dem Stoff Wasser beschäftigt. Denn obwohl es immer gleich aussieht, stellte man schnell fest, dass Wasser nicht gleich Wasser ist. Beim Waschen fiel das besonders auf. Mit dem einen Wasser löste sich der Schmutz mühelos und sogar einfache Kernseife erzeugte viel Schaum. Mit einem anderen Wasser aber ließ sich die Wäsche nicht einmal richtig anfeuchten, das Wasser perlte ab und schäumte auch mit Seife nicht richtig. Der Unterschied zwischen weichem und hartem Wasser war entdeckt. Seitdem werden immer neue Analysemethoden entwickelt, um die Qualität eines Wassers zu bestimmen und mögliche giftige Inhaltsstoffe zu ermitteln.

2. Grundlagen
2.1 Wasserhärte

2.1.1 Definition und Entstehung (Hütter 1984: 55f)

Unter der Härte eines Wassers versteht man „dessen Gehalt an Calcium-, Magnesium-, Strontium- und Bariumionen"(Hütter 1984: 55). Da die beiden letztgenannten Ionen nur in Spuren in den meisten Trink- und Abwässern vorkommen, wird hauptsächlich die Konzentration von Calcium- und Magnesiumionen betrachtet und bestimmt. Diese sogenannte Gesamthärte bezieht sich ausschließlich auf die Kationen. Eine weitere Möglichkeit bietet die Einteilung in Carbonat- und Nichtcarbonathärte (KH und NKH). Diese Unterscheidung betrachtet die Konzentration an Calcium- und Magnesiumionen für die eine äquivalente Mange an Anionen vorhanden ist. Dabei bezieht sich die Carbonathärte auf die Konzentration von Carbonat bzw. löslichem Hydrogencarbonat im Wasser und die Nichtcarbonathärte auf die der restlichen gelösten Anionen (z.B. Sulfat, Phosphat, Nitrat). Zusammen dürfen diese beiden „Härten" nicht großer sein als die Gesamthärte, da angenommen wird, dass diese Anionen nur durch Verbindungen mit Härtebildnern in das Wasser gelangt sind. Tatsächlich können sie aber auch mit anderen Salzen ins Wasser gelangen, zum Beispiel durch Lösen von Natriumcarbonat.

Der Begriff der „Wasserhärte" hat historischen Ursprung. Beim Waschen mit Seifen entsteht auf der Kleidung eine Schicht aus schwerlöslichen Salzen, die meist aus Calcium- und Magnesiumkationen und den negativ geladenen Fettsäureresten der Seifen gebildet wird. Durch diese Rückstände fühlt sich die Wäsche hart an, weshalb folglich von „hartem Wasser" gesprochen wurde.

$$2\ R\text{-}COO^- + Ca^{2+} \longrightarrow Ca^{2+}(R\text{-}COO^-)_2$$

Da Regenwasser keine Härte besitzt, gelangen die Härtebildner erst durch das Lösen von Salzen oder Gesteinen, während des Versickerns im Boden in das Wasser. Dafür sind vor allem Kalk-, Gips-, und Dolomitböden verantwortlich, die besonders von saurem Regen gut aufgelöst werden und dann zu Härtebildung führen. Weitere Einflüsse auf die Wasserhärte sind zum Beispiel Industrieabwässer, übermäßige Düngung mit Gülle in der Landwirtschaft oder andere Abwässer. Hierdurch verschmutztes Wasser weist ein nicht übliches Verhältnis von Calcium- und Magnesiumionen auf. In unbelastetem Trinkwasser beträgt dieses ca. 5:1.

2.1.2 Folgen der Wasserhärte (Hütter 1984: 55ff)

Durch die Verwendung von modernen Tensiden wurde die fettsaure Seife weitgehend ersetzt. Jedoch verursacht Wasserhärte noch immer Probleme, indem es bei pH-Wert- oder Temperaturänderung Kalk abscheiden kann. Darauf wird im Folgenden etwas genauer eingegangen.

$$Ca^{2+} + CO_3^{2-} \longrightarrow CaCO_3 \downarrow$$

Calciumcarbonat, allgemein bekannt als Kalk, entsteht aus Calcium- und Carbonationen. Um die Carbonationen an einer Bindung mit den Calciumionen zu hindern, benötigt man eine gewisse Menge an Kohlenstoffdioxid:

1.) $CO_2 + H_2O \rightleftharpoons H_2CO_3$

2.) $H_2CO_3 + H_2O \rightleftharpoons HCO_3^- + H_3O^+$

3.) $H_3O^+ + CO_3^{2-} \rightleftharpoons H_2O + HCO_3^-$

Das so entstandene Hydrogencarbonat „bindet" das Carbonat und schützt es so vor dem Ausfallen aus der Lösung. Wird dieses Gleichgewicht jedoch gestört bildet sich Carbonat und somit auch Kalk. Dies kann auf zwei Weisen geschehen:

Zum einen kann Kohlenstoffdioxid durch Erhitzen des Wassers aus dem Gleichgewicht entfernt werden. Dadurch kann das Carbonat nicht mehr ganz gebunden werden und es fällt Kalk aus. Dieses Problem ergibt sich zum Beispiel in der Waschmaschine bei hohen Temperaturen.

1.) $\mathbf{CO_2} + H_2O \rightleftharpoons H_2CO_3$

Zum anderen kann auch eine Veränderung des pH-Werts ins Alkalische das Dihydrogencarbonat deprotonieren und so Carbonat erzeugen, welches dann ebenfalls als Kalk ausfällt.

2.) $\mathbf{H_2CO_3} + 2\,OH^- \rightleftharpoons 2\,H_2O + CO_3^{2-}$

Beide Fälle ermöglichen die Bildung von Kalk bzw. verhindern die Bindung durch Hydrogencarbonationen und führen deshalb zu Ablagerungen, die Leitungen und andere Einrichtungen verengen können. Zur Prävention werden heute vielfältige Techniken genutzt, die entweder die Härtebildner oder ihre Anionen binden und so Kalkbildung verhindern.

2.1.3 Bedeutung für den Menschen

Wasser besitzt für alle Lebewesen eine sehr große Bedeutung. Abgesehen von der Tatsache, dass man ohne Wasser schon nach kurzer Zeit stirbt und es folglich zum Leben benötigt, gibt es noch weitere Aspekte. Hartes Wasser soll beispielsweise vor Herz/Kreislauf-Krankheiten schützen, was aber wissenschaftlich noch nicht bewiesen ist. Fest steht jedoch, dass weiches Wasser leicht Schwermetallionen aus

Rohrleitungen und Armaturen herauslösen kann, welche auf den Menschen gesundheitsschädlich wirken. Aus diesem Grund ist hartes Wasser als Trinkwasser zu bevorzugen. (Hütter 1984: 55)

2.2 Komplexometrische Titration (nach Jander/Jahr 2012: 222,)(Sommer 2010: 4ff)

Die Bestimmung von Ca^{2+} und Mg^{2+} in Wasser kann durch die Titration von Eriochromschwarz-T mit Titriplex III durchgeführt werden. Der Indikatorfarbstoff Eriochromschwar-T wird dabei in die zu prüfende Wasserprobe gegeben. Damit die charakteristische Rotfärbung mit hartem Wasser eintritt, muss der Farbstoff zuvor deprotoniert werden, wozu man eine verdünnte Ammoniaklösung verwendet. Da Eriochromschwarz-t in diesem Zustand jedoch schlecht haltbar ist, bietet es sich an diesen als Verrieb mit Kochsalz zu lagern (mündlich nach Hetzer) und erst bei der Verwendung mit der verdünnten Ammoniaklösung zu „aktivieren". Bei der Einfärbung findet eine Komplexbildung mit Ca^{2+} und Mg^{2+}(hier einheitlich als „M" beschrieben) statt:

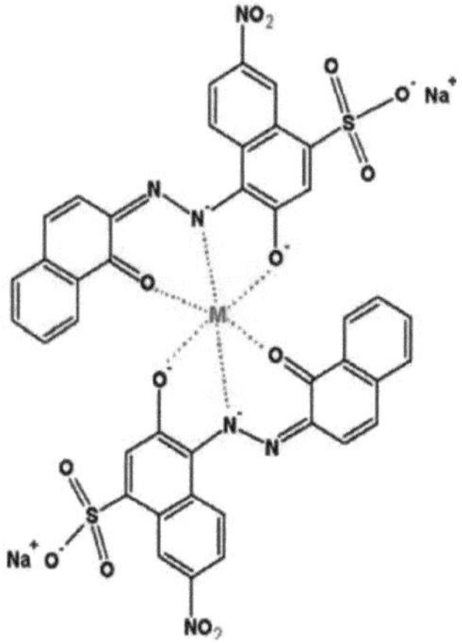

Dieser Komplex erscheint rot, im Gegensatz zu dem freien Farbstoff Eriochromschwarz-T, der eine blaue Farbe aufweist.

Abb. 1 Erio-T-Komplex (Sommer 2010, 5)

Danach wird die Probelösung mit Titriplex III (Ethylendiamintetraessigsäure-Dinatriumsalz-Lösung mit der Konzentration c=0,01 mol/l) titriert bis ein Farbumschlag nach blau, also der ursprünglichen Farbe des Indikators stattfindet. Titriplex III bildet dabei mit den Härtebildnern stabilere farblose Komplexe, wodurch das Eriochromschwarz-T aus den bestehenden Komplexen gelöst wird und die Probelösung blau färbt:

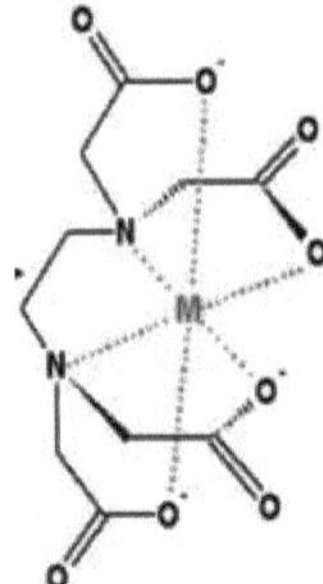

Dieser Komplex entfernt die Härtebildner (hier mit „M" bezeichnet) aus den Eriochromschwarz-T-Komplexen und führt so zu Blaufärbung. Der Umschlagpunkt wurde erreicht.

Abb. 2 Titriplex III – Komplex (Sommer 2010, 6)

2.3 Berechnung der Wasserhärte (Sommer 2010, 6f)

Interessant ist bei der Wasserhärtebestimmung die Konzentration von Calcium- und Magnesiumionen im Wasser (c (Ca^{2+} + Mg^{2+})). Da ein Ethylendiamintetraessigsäuremolekül genau ein Ion bindet, kann man davon ausgehen, dass beide Stoffmengen („n") gleich groß sind, wenn der Umschlagpunkt erreicht ist:

n (Titriplex III) = n (Ca^{2+} + Mg^{2+})

Die Stoffmenge von Titriplex III lässt sich mit der Konzentration der Lösung von Titriplex III (c (Titriplex III) = 0,01 mol/l) und der verbrauchten Menge (V (Titriplex III)) berechnen:

n (Titriplex III) = c (Titriplex III) * V (Titriplex III)

Somit ist auch die Stoffmenge der Härtebildner bekannt. Mit der bekannten Aufwandmenge der Ca^{2+} + Mg^{2+} -Lösung (Menge des Wassers, dessen Härte bestimmt werden soll) (V (Ca^{2+} + Mg^{2+})) kann man nun die Konzentration von Calcium- und Magnesiumionen berechnen:

$$c\,(Ca^{2+} + Mg^{2+}) = n\,(Ca^{2+} + Mg^{2+})\ /\ V\,(Ca^{2+} + Mg^{2+})$$

Um die Wasserhärte in der bei uns üblichen Einheit °dH (Grad deutscher Härte) zu erhalten, muss die Konzentration noch in mmol/l umgewandelt und mit nachstehender Formel umgerechnet werden:

$$1\ \text{mmol/l}\ \triangleq\ 5{,}6\ °\text{dH}$$

(vgl. Anhang: 2. Versuchswerte/3. Beispielrechnung)

3. Material und Methode

3.1 Versuchsaufbau und Reagenzien (nach Sommer 2010: 4ff)

Die Titriplex III - Lösung wird bis zu der vorher festgelegten Markierung in die Bürette gegeben. Daraufhin misst man mit dem Messzylinder eine bestimmte Menge der Probelösung (hier Wasser) ab und gibt sie in ein Glas. Dazu kommen nun zwei bis drei Spatelspitzen des Kochsalz-Farbstoff-Verriebes (Eriochromschwarz-T). Da sich dieser meist nur schlecht löst und keinen eindeutigen Umschlagspunkt aufweist, werden noch 5-10 ml Salmiakgeist (Ammoniaklösung mit c = 9,6-9,9%) dazu gegeben. Bei hartem Wasser tritt nun die charakteristische Rotfärbung auf. Der Versuch kann jetzt begonnen werden.

3.2 Versuchsdurchführung (Sommer 2010: 4ff)

Das Glas mit der Probelösung wird unter die Bürette gestellt und es wird mit der Titration begonnen. Dazu öffnet man das Ventil der Bürette ein wenig, sodass die Lösung langsam in das Glas tropft. Währenddessen schwenkt man das Glas beständig, um eine optimale Verteilung der Titriplex III – Lösung zu gewährleisten.

Fängt die rotgefärbte Probe an zu verblassen, ist das ein Indiz, dass man sich dem Umschlagpunkt nähert. Das Ventil der Bürette sollte nun noch etwas weiter zugedreht werden, denn der Umschlag von rot nach blau tritt sehr abrupt ein. Ist der Umschlagpunkt erreicht muss das Ventil sofort geschlossen werden, denn die weitere Zugabe von Titriplex III – Lösung würde das Ergebnis verfälschen. Nun liest man den Stand an der Bürette ab und notiert diesen, um damit später die Härte des Wassers zu berechnen. Schlussendlich gibt man den Inhalt des Glases in ein Sammelgefäß und entsorgt die gesammelte Flüssigkeit vorschriftsgemäß.

4. Experimentelle Ergebnisse

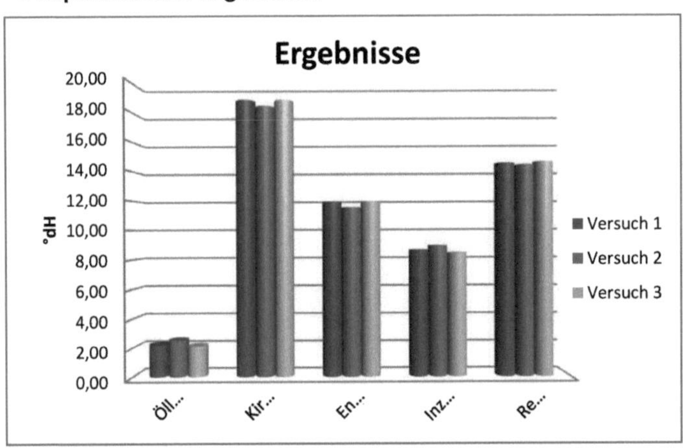

(Quelle: eigen)

Im obigen Diagramm sind die ausgewählten Versuchsergebnisse in einem Diagramm veranschaulicht. Je Probe wurden jeweils drei Parallelversuche durchgeführt. Die exakten Zahlen sind der folgenden Tabelle zu entnehmen:

Ergebnisse	Ölling 3	Kirchdorf	Endsfelden	Inzenberg 1	Reut/Tann
Versuch 1	2,2	18,8	11,9	8,6	14,5
Versuch 2	2,5	18,4	11,5	8,9	14,4
Versuch 3	2,1	18,8	11,9	8,4	14,6
Durchschnitt	2,3	18,7	11,8	8,6	14,5

(Quelle: eigen)

4. Diskussion

4.1 Plausibilisieren der Ergebnisse

Die auftretende Schwankung der Ergebniswerte bei den jeweils drei Parallelversuchen ist zum Beispiel auf die begrenzte Genauigkeit beim Ablesen der Füllstände zurückzuführen. Auch bei der Titration ergeben sich einige Ungenauigkeiten, wie beispielsweise das versehentliche Zugeben eines weiteren Tropfens Titriplex III nach Erreichen des Umschlagspunktes.

Bei sehr weichem Wasser ist außerdem der Umschlagpunkt schwerer erkennbar, da die Einfärbung nicht so stark ausfällt. Die maximale Spreizung von 0,5 °dH ist jedoch ein sehr guter Wert, weshalb allein daher von der Richtigkeit der Ergebnisse ausgegangen werden kann. Darüber hinaus handelt es sich bei der Probe aus Reut um Wasser der zentralen Wasserversorgung, weshalb eine professionelle Messung des Betreibers vorliegt. Diese gibt einen Wert von 14,6 °dH an, woran man sehen kann, dass die obigen Werte durchaus realistisch sind. (ZWR 2012/2013:Infobrief) Kirchdorf verfügt ebenfalls über eine Zentralversorgung, die sich jedoch aus drei verschiedenen Brunnen speist. Diese weisen eine Härte von 18,0°dH bis 19,9°dH auf. Berücksichtigt man, dass je nach Wasservorkommen einmal mehr einmal weniger aus den einzelnen Brunnen entnommen wird, so ist auch der ermittelte Wert von durchschnittlich 18,7°dH realistisch. (Edmüller S.: E-Mail vom 07.10 2013)

4.2 Erklärung der Ergebnisse anhand von geologischen Karten (Brockhaus Naturwissenschaft und Technik 1989: 154ff) (Popp M.: Bayernatlas Bodenübersichtskarte)

Die Wasserhärte hängt sehr stark mit den Bodenbegebenheiten zusammen, weshalb es auch zu beträchtlichen Schwankungen zwischen eigentlich nicht weit auseinanderliegenden Brunnen kommen kann. Ein Beispiel für diesen Fall sind die beiden Proben aus Kirchdorf und Ölling. In der nachfolgenden Karte sind die Brunnen zu sehen, aus denen die fünf verschiedenen Proben stammen. Dabei handelt es sich um eine sogenannte Bodenübersichtskarte, die den ungefähren Aufbau des Bodens wiedergibt.

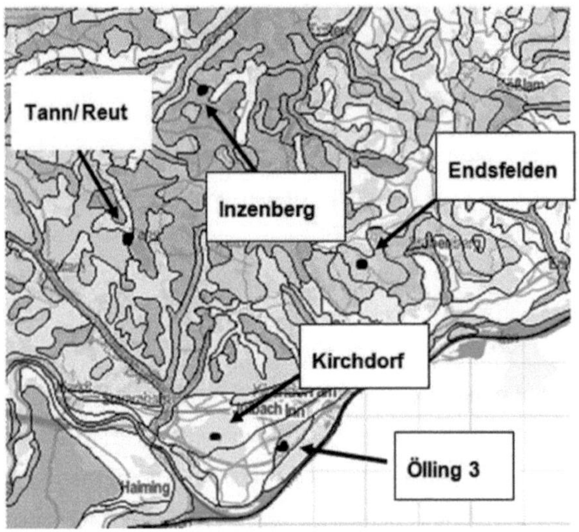

(Bodentypen vgl. Anhang: 4.Legende)

(Popp M.: Bayernatlas Bodenübersichtskarte)

Der Boden aus dem das Einzugsgebiet der drei Kirchdorfer Brunnen zum größten Teil besteht heißt Braunerde. Sie entsteht aus Lös und kalkhaltigem Gestein das von mineralhaltigem Humus überdeckt wird. Außerdem weist sie einen hohen Gehalt an Nährstoffen auf und reagiert mäßig bis stark sauer. Dieser Aufbau lässt vermuten, dass Regenwasser teilweise Mineralien aus der Humusschicht löst und so auch Härtebildner aufnehmen kann. Desweiteren ermöglicht die saure Reaktion des Bodens das In-Lösung-Halten von größeren Mengen an Carbonat:

$$H_3O^+ \;+\; CO_3^{2-} \;\rightleftharpoons\; H_2O \;+\; HCO_3^-$$

Das Carbonation wird durch die Reaktion zu Hydrogencarbonat am Ausfallen mit einem Calciumion gehindert. Des Weiteren kann man unter Betrachtung eines Bodenquerschnittes feststellen, dass das Wasser, das in Kirchdorf entnommen wird, teilweise einen weiten unterirdischen Weg hinter sich hat und so nicht eindeutig bestimmt werden kann durch welche Bodenschichten das Wasser gewandert ist. Auch das kann ein Grund für das harte Wasser sein. (vgl. Anhang: 1.Bodenquerschnitt)

Im wenige Kilometer entfernten Ölling finden man im Gegensatz zum Harter Forst sehr weiches Wasser vor. Das kann unter Berücksichtigung des Bodentyps zwei Gründe habe: Zum einen könnte das Regenwasser durch die geringe Tiefe des Brunnens erst gar nicht mit der kalkhaltigen Schicht unterhalb des Humus in Berührung kommen. Zum anderen wäre denkbar, dass der Boden durch eine alkalische Reaktion die Entstehung von Kohlensäure aus Kohlenstoffdioxid verhindert, und so das Lösen von Kalk unmöglich macht.

$$CO_2 \; + \; H_2O \; \rightleftharpoons \; H_2CO_3 \;\; ; \;\; H_2CO_3 \; + 2\,OH^- \; \rightleftharpoons \; 2\,H_2O + CO_3^{2-}$$

Beide Thesen sind jedoch nur schwer überprüfbar, da dazu eine professionelle Bodenuntersuchung vor Ort vorgenommen werden müsste.

Die Auswertung in Tann fällt ebenso uneindeutig aus. Der Boden auf dem sich die Entnahmestelle befindet weist zwar einen ähnlichen Aufbau auf wie der in Kirchdorf, im Einzugsgebiet befinden sich jedoch viele verschiedene Bodentypen. Diese werden von größeren Lehm- und Sandeinschlüssen charakterisiert. Das lässt den Schluss zu, dass das Wasser aus Tann im Allgemeinen nicht so hart sein dürfte wie das aus dem Harter Forst, weil es mit weniger mineralhaltigem Erdreich in Berührung kommt und auch der unterirdische Weg des Wassers nicht so weit ist.(vgl. Anhang: 1.Bodenquerschnitt) Dadurch kann es nicht so viele Härtebildner aus dem Boden lösen und ist deshalb nicht so hart.

Der Brunnen aus Endsfelden ist wie der aus Ölling ein Oberflächenbrunnen. Die dort ebenfalls vorhandene Braunerde besteht aus Lößlehm. Da ein Oberflächenbrunnen sich eine oberflächennahe grundwasserführende Schicht zu Nutze macht, haben hier, im Gegensatz zu den Brunnen aus Tann und Kirchdorf, nur die oberen ein bis zwei Meter Boden einen Einfluss auf das Wasser. Dadurch verringert sich die Härte des Wassers noch einmal. Dennoch weist das Wasser aus diesem Brunnen unter den Oberflächenbrunnen die höchste Härte auf.

In Inzenberg kann man die sogenannte Pseudogley-Braunerde vorfinden. Dieser Bodentyp zeichnet sich durch eine oberflächennahe Verdichtungsschicht aus, an der sich das Wasser stauen kann. Des Weiteren besteht hier die Braunerde aus tonig-lehmigem Material, welches eher wasserabweisend wirkt, weshalb auch die oben genannte Verdichtungsschicht entstehen kann. Bedingt durch diese Bodenverhältnisse findet man hier ein Wasser mittlerer Härte vor, das im Vergleich mit den anderen Proben aus Braunerdegebieten die geringste Härte aufweist.

4.3 Erstellung einer Wasserhärtekarte (Sommer 2010, 3)

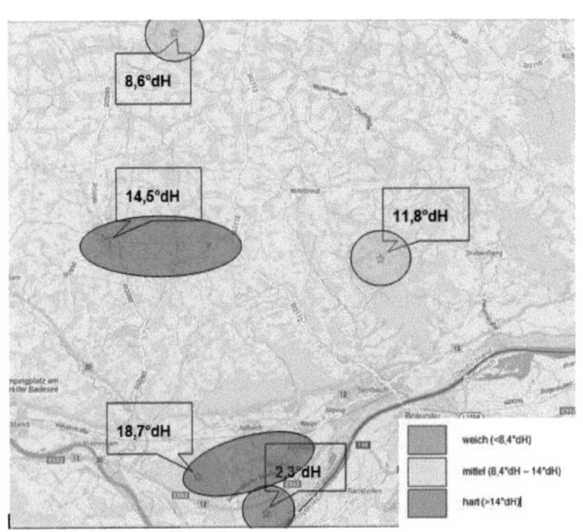

(Popp M., Bayernatlas Bodenübersichtskarte)

Diese Karte zeigt in sehr vereinfachter Form wie eine Wasserhärtekarte aussehen könnte. Dabei wurden die drei Oberflächenbrunnen als kleinere Kreise und die beiden Entnahmestellen für die Zentralversorgung in Kirchdorf und Tann als größere Ellipsen eingezeichnet, um ansatzweise das größere Versorgungsgebiet zu verdeutlichen. Die Karte soll nämlich Anhaltspunkt für Verbraucher sein, damit diese einschätzen können wie hart ihr Wasser ist. Die Einteilung der Legende entspricht der aktuell üblichen vom 04.05.2007.

5. Schluss

Die oben erwähnten Oberflächenbrunnen waren früher die gängige Versorgungsmethode für einen Großteil der Bevölkerung. Da aber Oberflächenwasser schnell durch Gülle oder chemische Einsatzstoffe in der Landwirtschaft verschmutzt werden kann, musste man auf tiefere Brunnen umstellen. Deren Errichtung war aber für Privatpersonen meist zu teuer, weshalb sich mit der Zeit mehr und mehr die zentrale Wasserversorgung durchsetzte. Diese wird meist von Gemeinden oder Zweckverbänden organisiert und finanziert. Ein weiterer Grund für diese Entwicklung findet sich in der Forschung. Im Laufe der Jahrzehnte wurden immer neue gesundheitsgefährdende Stoffe im Wasser gefunden und auch die Analysemethoden wurden immer genauer. Das alles führte zu einem immer größeren Qualitätsanspruch an Trinkwasser, der eben nur mit tiefen Brunnen gedeckt werden kann. Diese Entwicklung verleitet leider die öffentlichen Träger immer öfter die finanzielle Gefahr auf private Betreiber abzuwälzen. Diese wiederrum gefährden aber mit ihrer Gewinnorientiertheit die Qualität des Wassers. Doch gerade wenn es um das Wasser geht, das jeder von uns täglich braucht, sollte man dieses Gewinnstreben hinten anstellen und das kann nur durch die öffentliche Hand gewährleistet werden.

6. Anhang

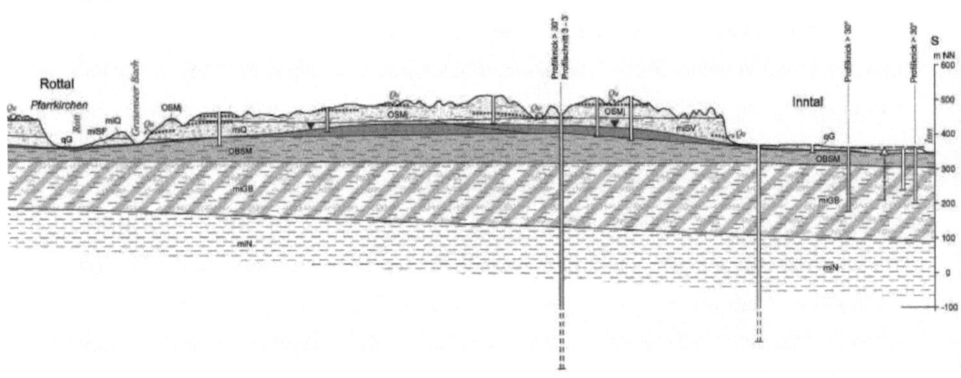

1. Bodenquerschnitt

Hydrogeologische Einheiten

qG	Quartäre Flussschotter und Sande
OSMj	Jüngere Obere Süßwassermolasse (Hangend-, Misch- und Moldanubische Serie)
miSV	Südlicher Vollschotter
miQ	Quarzrestschotter und Quarzkonglomerat
miNV	Nördliche Vollschotter-Abfolge
miUF	Fluviatile Untere Serie
miSF	Fluviatile Süßwasserschichten incl. Hoisberger Abfolge
OBSM	Obere Brackwasser-/Ältere Obere Süßwassermolasse (Obere Brackwassermolasse + Limnische Untere Serie/Limnische Süßwasserschichten)
miG	Grimmelfinger Schichten
miGB	Glaukonitsande und Blättermergel
miN	Neuhofener Schichten
UMM	Untere Meeresmolasse
w	Malm

Lithologie

- Kies mit Sand
- Kies mit Sand, tonig-schluffig
- Sand mit Kies, mit Ton- und Schluffeinschaltungen
- Sand, tonig-schluffig
- Ton, Schluff
- Ton, Schluff, sandig
- Ton- und Schluff mit Sandlinsen
- Kalk- und Dolomitstein, verkarstet

Grundwasserkörper

- Grundwasserleiter mit überwiegend sehr hoher bis mittlerer Durchlässigkeit
- Grundwasserleiter mit überwiegend mäßiger bis geringer Durchlässigkeit
- Bedingt Grundwasser führend: Überwiegend Geringleiter mit bereichsweise erhöhter Durchlässigkeit
- Grundwasserfreier Bereich oder Bereiche mit kleinräumigen, lokal begrenzten Grundwasservorkommen oder Geringleiter ohne nennenswerte Durchlässigkeit
- Grundwasseroberfläche
- Grundwasserdruckspiegel (großräumig gespanntes Grundwasser)
- Grundwasserdruckfläche aus unterschiedlichen Horizonten (großräumig gespanntes Grundwasser)
- Hangende, lokal begrenzte Grundwasser-Stockwerke, ermittelt aus Quellen und Schachtbrunnen

Allgemein

- Quelle
- Bohrung
- Bohrung, projiziert
- Bohrung, geka...
- Störung
- Störung, vermutet

2. Versuchswerte

Ort	Wasser (in ml)	flüssiger Farbstoff (in ml)	Salmiakgeist (in ml)	Titriplex III (in ml)	Wasserhärte (in °dH)
Reut/Tann 01a	100	5	0	25,9	14,5
Reut/Tann 01b	100	5	0	25,7	14,4
Reut/Tann 01c	100	5	0	26,1	14,6
		Farbstoff (in Spatelspitzen)			
Ölling 02a	50	3	5	2,0	2,2
Ölling 02b	50	3	5	2,2	2,5
Ölling 02c	50	3	5	1,8	2,1
Kirchdorf 03a	50	3	5	16,8	18,8
Kirchdorf 03b	50	3	5	16,4	18,4
Kirchdorf 03c	50	3	5	16,8	18,8
Endsfelden 04a	50	3	5	10,3	11,5
Endsfelden 04b	50	3	5	10,7	11,9
Endsfelden 04c	50	3	5	10,7	11,9
Inzenberg 05a	50	3	5	7,7	8,6
Inzenberg 05b	50	3	5	8,0	8,9
Inzenberg 05c	50	3	5	7,5	8,4

3. Beispielrechnung

Für Reut/Tann 01 a:

$$n\,(Ca^{2+} + Mg^{2+}) = n\,(Titriplex\ III) =>$$

$$c\,(Ca^{2+} + Mg^{2+}) * V\,(Ca^{2+} + Mg^{2+}) = c\,(Titriplex\ III) * V\,(Titriplex\ III) =>$$

$$c\,(Ca^{2+} + Mg^{2+}) = c\,(Titriplex\ III) * V\,(Titriplex\ III) / V\,(Ca^{2+} + Mg^{2+}) =>$$

$$c\,(Ca^{2+} + Mg^{2+}) = 0{,}01\ mol/l * 25{,}9\ ml / 100\ ml = 0{,}00259\ mol/l =$$

$$= 2{,}59\ mmol/l \triangleq 14{,}5\ °dH$$

4. Legende

Vorherrschend Braunerden aus schluffig-lehmigen Abschwemmmassen

Überwiegend Kalkpaternia aus sandigen bis schluffigen über kiesigen Auenablagerungen

Überwiegend Braunerden aus lehmig-sandigem Molassematerial, z.T. mit lehmiger Fließerdedecke

Überwiegend Braunerden aus schluffigem bis lehmigem Molassematerial, meist mit Fließerdedecke und gering verbreitet Gleye aus lehmigen Talsedimenten

Vorherrschend Pseudogley-Braunerden aus lehmiger Deckschicht über tonig-lehmigem Molassematerial

Überwiegend Braunerden aus Lößlehm mit Molassematerial

7. Literaturverzeichnis

1. F.A. Brockhaus GmbH: Unter dem Stichwort: Boden, In:Brockhaus Naturwissenschaften und Technik, Band 01, Wiesbaden 1983 – Sonderausgabe 1989
2. Hütter, Leonhard A.: Wasser und Wasseruntersuchung, Otto Salle Verlag, Frankfurt am Main, Verlag Sauerländer, Aarau, 1984
3. Schulze G.; Simon J.; Martens-Menzel R.;(Jander/Jahr): Maßanalyse, De Gruyter, 2012
4. Zweckverband Wasserversorgung Rottal: Infobrief, 2012/2013 (siehe Anhang
5. Edmüller S.: E-Mail vom 07.10.2013 (siehe Anhang)
6. Popp M.: Bayernatlas Bodenübersichtskarte. In:http://geoportal.bayern.de/bayernatlas/L7ExSNbPC4sb6TPJDbICAiLPd0Fv2v9OnIrPrA5rbixOP8hEaFIVXrbAcpsGQCaUdhZLLGbowYS60u-YtLhY0kUWLQgjSEXXw3emyZrlw7ZQwbT4-RHJVwBKmhugWO5q/L7E59/bT471/jSE5b/LQg41# (29.9.2013).
7. Sommer T.: Wasserhärte – Begriffserklärung, Entstehung und Bestimmung, 2010. In:http://daten.didaktikchemie.uni-bayreuth.de/umat/wasserhaerte2/wasserhaerte.htm (29.11.2012).